小麦族种质资源图册

XIAOMAIZU ZHONGZHI ZIYUAN TUCE

凡　星　沙莉娜／编著

四川科学技术出版社

图书在版编目（CIP）数据

小麦族种质资源图册 / 凡星, 沙莉娜编著. -- 成都：四川科学技术出版社, 2023.5

ISBN 978-7-5727-0873-2

Ⅰ. ①小… Ⅱ. ①凡… ②沙… Ⅲ. ①小麦—种质资源—图集 Ⅳ. ①S512.102.4-64

中国国家版本馆CIP数据核字(2023)第025876号

小麦族种质资源图册

XIAOMAIZU ZHONGZHI ZIYUAN TUCE

编　　著　凡　星　沙莉娜

出 品 人　程佳月
组稿编辑　肖　伊
责任编辑　胡小华
责任出版　欧晓春
出版发行　四川科学技术出版社
成都市锦江区三色路238号　邮政编码：610023
官方微博：http://weibo.com/sckjcbs
官方微信公众号：sckjcbs
传真：028-86361756
成品尺寸　170mm×240mm
印　　张　12.25
字　　数　245千
印　　刷　四川川林印刷有限公司
版　　次　2023年5月第1版
印　　次　2023年5月第1次印刷
定　　价　138.00元

ISBN 978-7-5727-0873-2

邮　　购：成都市锦江区三色路238号新华之星A座25层　邮政编码：610023
电　　话：028-86361770

《小麦族种质资源图册》
编委会

编　　著	凡　星	沙莉娜		
编　　委	郑有良	周永红	杨武云	刘登才
	白史且	王际睿	马　啸	康厚扬
	李　俊	王　益		
参编单位	四川农业大学			
	四川省农业科学院作物研究所			
	四川省林业与草原局			

前　言

作物种质资源是含有遗传功能单位和携带遗传信息的农作物及其野生近缘植物材料。在长期的自然选择和变异过程中，种质资源为人类的生产、生活和可持续发展提供了必需的物质材料，还是生物多样性的重要组成部分。对作物种质资源多样性的认识，必然推动种质资源的保护和利用，帮助优化种业创新实践过程中的人工杂交组配方案。

在本书中，我们将自2006年以来通过长期大量野外科学考察拍摄的小麦族植物穗部花序图片配上简洁的文字描述，为读者快速了解小麦种质资源提供了一个整体框架。植物的表型轮廓、地理分布、细胞遗传的基因组符号及资源利用情况可以帮助人们初步识别小麦族种质资源的种类和基本遗传特征，进而使他们能有效地交流和学习小麦族种质资源的知识并从中受惠。本书可供高等院校及研究机构中从事植物学、作物学、进化生物学、生态学等学科的科研人员和师生阅读参考，同时还可以作为海关从事植物资源检验相关工作人员的参考工具书。

目　录

概　论

小麦族

小麦族隶属于单子叶植物纲禾本科早熟禾亚科，全球有近500种，其中一年生约100种，多年生约400种，广泛分布于北半球温带地区。小麦族植物生态环境复杂多样，从自然状态下的森林边缘、灌丛、沼泽、草原、河谷、荒漠和戈壁到人类开发的山地和农田，从沿海海岸至海拔5 000米以上的高山之巅均能找到它们的踪迹。

小麦族植物在人类文明、生存和食品安全中扮演着重要的角色。它包括了小麦（*Triticum aestivum*）、大麦（*Hordeum vulgare*）、黑麦（*Secale cereale*）等重要粮食作物，也包括羊草（*Leymus chinensis*）、冰草（*Agropyron cristatum*）、垂穗披碱草（*Elymus nutans*）等牧草作物，还包括赖草（*Leymus secalinus*）、硬秆仲彬草（*Kengyili rigidula*）、偃麦草（*Elymus repens*）等防风固沙植物，以及许多作为麦类作物和牧草遗传改良、生态修复宝贵基因源的野生近缘植物。

穗的结构

小麦族植物的花小，没有香气，与蔷薇科和兰科植物相比显得些许单调。但小麦、大麦、黑麦和小黑麦的每一小花结的颖果却是人类的主要食物。小麦族植物的花序通常被称作穗（spike），由小花（floret）组成小穗（spikelet），再以小穗为单位在花序轴上排列组成穗状花序。

小花（flroet）：组成小穗的花称为小花。小花的结构由外而内依次是外稃1

枚；内稃1枚；雄蕊3枚，花丝细长，花药丁字着生；雌蕊1枚，柱头2裂。开花时，内外稃张开，子房膨大，柱头呈羽毛状，雄蕊花药露出散放花粉。

小穗：由1枚至多枚小花集生在小穗轴（rachilla）上，基部以外颖与内颖包围形成小穗。小穗1枚至多枚着生在穗轴节上形成穗。小穗通常无柄。

小麦族植物穗为两性，风媒传粉。

穗的变化

小麦族植物穗的形态结构特征是小麦族各属种划分的重要依据。小麦族植物穗多为绿色，也有紫色、紫黑色等，穗直立、下垂或弯曲，穗形呈线形、圆柱形、卵圆形等；小穗1枚至多枚着生在穗轴上呈现不同的排列，如成篦齿状的冰草属、柱状的二棱大麦和六棱大麦；组成小穗的小花数有2~10枚不等；颖从退化到线形、钻形、披针形等，先端无芒、具小尖头或短芒；外稃线形、披针形、长椭圆形等，被毛、粗糙或平滑，先端无芒、具短芒或长芒，芒直立或反曲或外展；内稃与外稃等长或不等长；花药多为黄色，也有红色或紫色。

穗的演化

禾本科植物起源于大约55百万~77百万年前，其祖先为复穗状花序，花序轴具有一级和二级分枝，且每个分枝自成一个穗状花序。经过漫长的演化，禾本科植物花序呈现丰富的多样性，从复杂的圆锥花序/复穗状花序到极简单的穗状花序。比如，稻族和高粱族植物仍保留祖先植物的复杂花序形态，而二穗短柄草的花序复杂性降低，分枝数量和长度均减少，花梗小且仅有一个多花小穗，小麦族植物则从祖先的复穗状花序演变为典型的无分枝的穗状花序。具有无梗小穗和穗轴缩短的最简单花序结构，是目前禾本科植物中最进化的花序。

理解植物名字

属（genus）是由亲缘关系接近、形态特征相似的种组成的。如仲彬草属（*Kengyilia*）植物，是一群生长在中亚与喜马拉雅高海拔地区被毛的小麦族植物，多数种穗直立，小穗密集，颖具明显中脉，外稃背面具长柔毛或硬毛、短细毛、短芒或短喙，在亲缘关系上它们具有相同的基因组。

种（species）是生物分类的基本单位，这里主要指生物学种的概念，它是一群由生殖联系起来的个体，其间基因能自由交换形成一个统一的基因库。如内蒙古草甸草原的建群种羊草（*Leymus chinensis*）和新疆天然草种多枝赖草（*Leymus multicaulis*），它们都是赖草属（*Leymus*）植物，但杂种后代无法结实，存在生殖隔离，是两个独立的种。

一些种变异太大，以致其中一部分类型可以视为亚种或变种。生长在不同地区的同种居群，它们有的形态不同，但可进行杂交，彼此间只存在地理隔离，这样的居群可视作一个种的不同亚种（subspecies，ssp.），如野生一粒小麦（*Triti-*

cum monococcum ssp. *aegilopides*）是一粒小麦（*Triticum monococcum*）种下的亚种。变种（varietas，var.）一般指占据局限地理区域的形态不同的居群集合，它与原变种有相同的分布区，且分布范围比亚种要小得多。如穗状拟鹅观草无芒变种（*Pseudoriegneria spicata* var. *inermis*）与原变种的区别仅在于外稃是否有反折的芒。品种（cultivar, cv.）是针对一个专门的特征选育和繁殖的一群形态整齐的植物，如牧草品种同德老芒麦（*Elymus sibiricus* cv. Tongde）。

小麦族谱系框架

小麦族植物包括大量的二倍体和多倍体。二倍体植物通过不同的天然杂交组合形成了占小麦族75%的多倍体植物，这些多倍体包括同源多倍体（autopolyploid，同一物种经过染色体加倍形成的多倍体）和异源多倍体（allopolyploid，不同物种间杂交并染色体加倍形成的多倍体）。

由于小麦族植物种类繁多，形态变异大，多样性极为丰富，加上种间遗传交流频繁，且受到地理、生态环境的影响，传统的形态分类并不能将其进行很好地划分。所以目前世界上较认同的小麦族分类系统及种间关系的划分是根据细胞遗传学确定的小麦族基因组分类系统。按基因组分类系统，小麦族二倍体植物分别用24个基本基因组符号（如A、S、D、Ns、Xm、E、St、Y、H、P、W等）标示，由不同的二倍体种间杂交形成的多倍体（如AB、ABD、NsXm、StE、StH、StY、StYH、StYP、StEP、StYW、StHNsXm等）按基因组组成被划分到不同的属中。基于此，作物遗传学家、小麦族生物系统学家颜济教授将小麦族划分为29个属，分别为：山羊草属（*Aegilops*）、冰草属（*Agropyron*）、花鳞草属（*Anthosachne*）、南麦属（*Austrolopyrum*）、类大麦属（*Crithopsis*）、曲穗草属（*Campeiostachys*）、杜威草属（*Douglasdeweya*）、披碱草属（*Elymus*）、旱麦草属（*Eremopyrum*）、拟狐茅属（*Festucopsis*）、亨氏草属（*Henrardia*）、异型花属（*Heteranthelium*）、大麦属（*Hordeum*）、大麦披碱草属（*Hordelymus*）、仲彬草属（*Kengyilia*）、赖草属（*Leymus*）、冠毛麦属（*Lophopyrum*）、牧场麦属（*Pascopyrum*）、网鞘草属（*Peridictyon*）、沙滩麦属（*Psammopyrum*）、新麦草属（*Psathyrostachy*）、拟鹅观草属（*Pseudoroegneria*）、簇毛麦草属（*Dasypyrum*）、鹅观草属（*Roegneria*）、黑麦属（*Secale*）、窄穗草属（*Stenostachys*）、带芒草属（*Taeniatherum*）、毛麦草属（*Trichopyrum*）和小麦属（*Triticum*）。近来，我们根据颜济教授的分类处理对全球小麦族几乎所有的基因组类型的植物进行取样，利用植物叶绿体基因组数据的系统发育方法搭建了小麦族相对完整的谱系框架。系统发育分析采用最大似然（Maximum Likelihood, ML）和贝叶斯推断（Bayesian Inference, BI）两种方法完成。使用PAUP*4.0b10（Swofford D L, Sinauer Associates, http://www.sinauer.com）执行最大似然分析。用于数据矩阵的碱基替代模型使用ModelTest软件的赤池信息量准则（Akaike Information Criterion，AIC）确定。使用100个随机添加序列重复和系统树对分重接（tree bisection-reconnection，TBR）分支交换法进行ML启发式搜索。通过自展支持（Bootstrap, BS）评估树状拓扑结构的可靠性。通过使用1 000个快速引导复制来估计ML分析中节点的统计支持。使用MrBayes软件进行贝叶斯推断，以默认加热值（t=0.2）的四条马尔科夫（Markov Chain Monte Carlo，MC-MC）链（一条冷链和三条热链）对序列数据进行10 000 000代处理，每100代进行一次采样。去除老化条件下生成的25%贝叶斯树后获得50%的多数一致树。最后用后验概率（Posterior Probability, PP）估计分支节点的统计置信度。系统发育分析将小麦族植物分为统计支持值非常高（100% BS和1.0 PP）的5个分支，分别是：TATSCH分支、含St/E/V基因组谱系分支、EAAH分支、大麦属分支及含Ns基因组谱系分支。TATSCH分支包括*Triticum*、*Aegilops*、*Taeniatherum*、*Secale*、*Crithopsis*和*Heteranthelium*（TATSCH代表这6个拉丁属名首字母）；含St/E/V基因组谱系分支包括含St基因组的二倍体和多倍体物种（*Pseudoroegneria*、*Douglasdeweya*、*Elymus*、*Roegneria*、*Kengyilia*、*Psammopyrum*、*Anthosachne*、*Campeiostachys*、*Trichopyrum*），含E基因组的二倍体和多倍体物种（*Lophopyrum*）以及含V基因组的*Dasypyrum*；EAAH分支包括*Eremopyrum*、*Agropyron*、*Austrolopyrum*和*Henrardia*（EAAH代表这4个拉丁属名首字母）；大麦属分支形成单系；含Ns基因组谱系分支包括含Ns基因组的二倍体属*Psathyrostachys*和多倍体属*Leymus*。本图册以此系统发育骨架为顺序进行描述（需要说明的一点是系统发育树上的物种并不完全与图片呈现的物种相对应，系统发育骨架仅为图册的编排提供谱系分支依据）。

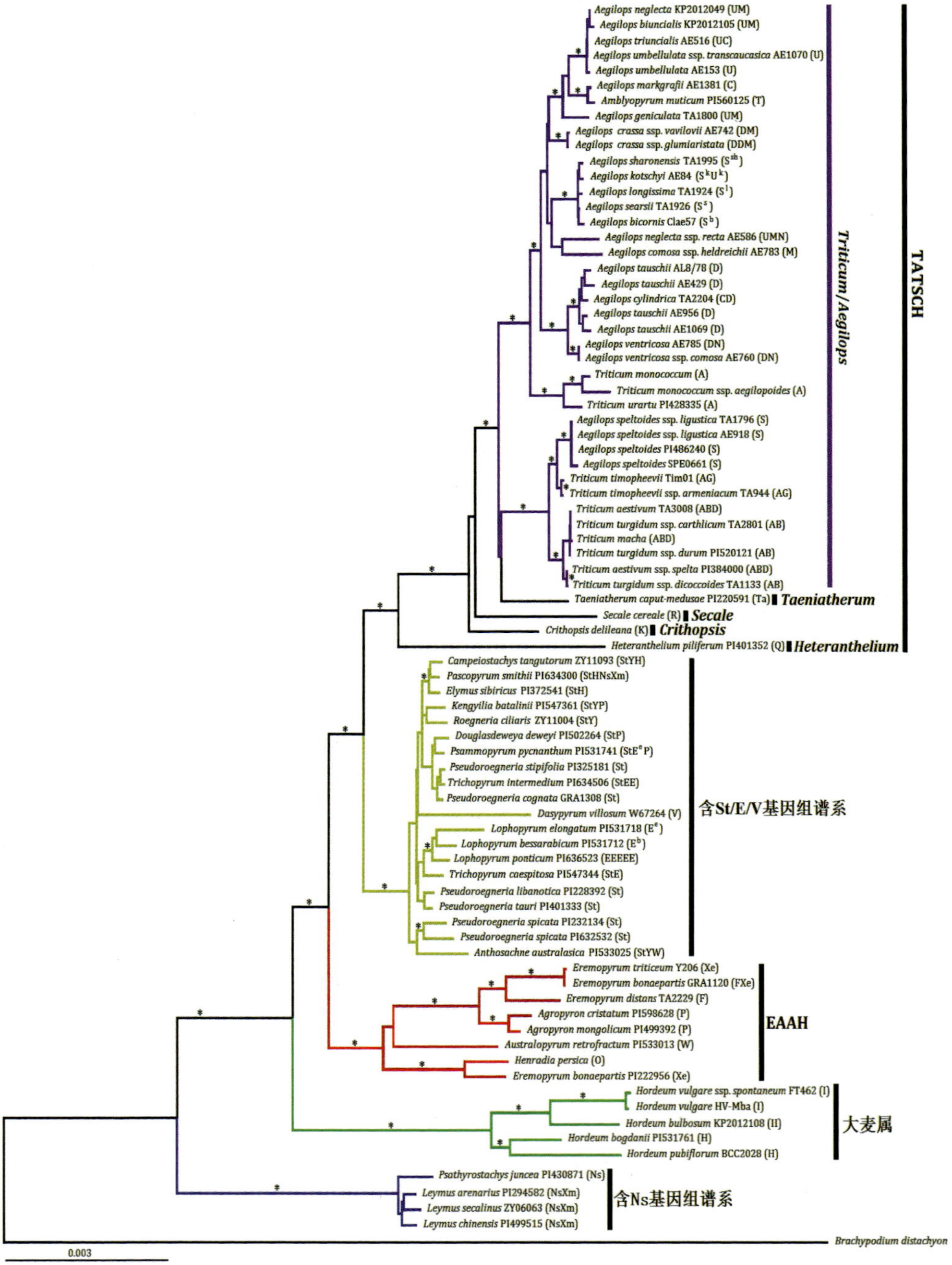

分支上的星号标示系统发育分析获得的高统计支持值（100% BS和1.0 PP），括号中的大写字母表示物种的基因组类型

基于叶绿体基因组构建的小麦族植物系统发育树

TATSCH分支

Aegilops biuncialis

两芒山羊草

穗　形	披针形
穗颜色	绿色
穗长度	1.5~3.5 cm
小穗数	3~4枚
小花数/小穗	4枚，上端2枚小花不育
颖	具2~3长芒，颖芒较宽扁，下部颖芒短于上部颖芒
外　稃	具芒，短于颖芒
分　布	西班牙、法国、意大利、巴尔干半岛、罗马利亚、希腊、塞浦路斯、土耳其、外高加索、乌克兰、以色利、黎巴嫩、叙利亚、约旦、伊拉克、伊朗、阿尔及利亚、利比亚
生　境	退化的橡树林、石质山坡、牧场、路边
基因组类型	UM
染色体条数	2n=28
异　名	*Triticum ovatum* var. *biunciale*, *Aegilops lorentii*

两芒山羊草由二倍体小伞山羊草（*Aegilops umbellulata*，U基因组）和顶芒山羊草（*Aegilops comosa*，M基因组）自然杂交演化而来，具有丰富的遗传多样性，β-葡聚糖含量高，可以作为改良普通小麦膳食纤维含量的基因来源。两芒山羊草对黄矮病、白粉病、条锈病、叶锈病和秆锈病等高抗，对非生物胁迫如冻害、高盐和干旱也具有较高的耐受性。

Aegilops caudata

尾状山羊草

穗　形	细圆柱形
穗颜色	绿色
穗长度	6~8 cm
小穗数	4~9枚
小花数/小穗	3~4枚
颖	矩圆形,先端具齿,顶端小穗颖渐尖形成尾状长芒
外　稃	椭圆形,先端具齿
分　布	从希腊到伊拉克北部的地中海盆地北部
生　境	灌丛、草原
基因组类型	C
染色体条数	2n=14
异　名	*Triticum caudatum*

尾状山羊草的分布区域分为西部和东部地区，边界位于西安纳托利亚（West Anatolia）和中安纳托利亚（Central Anatolia）之间的山区。它抗条锈、叶锈、秆锈、白粉病和抗蚜虫、小麦瘿蚊，另外，尾状山羊草对冻害和高盐等非生物胁迫也具有耐受性。所以，尾状山羊草是小麦遗传改良的重要基因源。

Aegilops columnaris

小亚山羊草

穗　形	长卵形，穗上部急尖呈柱形
穗颜色	绿色
穗长度	4~6 cm
小穗数	5枚，底部2~3枚小穗可育，上部2枚小穗瘦小、不育
小花数/小穗	可育小穗含4~5枚小花，上端2~3枚小花不育；不育小穗含3枚不育小花
颖	可育小穗颖具长芒
外　稃	具芒，比颖芒短且细
分　布	土耳其、黎巴嫩、叙利亚、伊拉克、外高加索、伊朗
生　境	干燥的开阔地、路边、山边
基因组类型	UM
染色体条数	2n=28
异　名	*Triticum triaristatum* var. *columnare*

小亚山羊草的U基因组来自小伞山羊草，它与两芒山羊草、牧山羊草（*Aegilops juvenalis*）之间存在基因流现象。小亚山羊草具有优良的农艺性状，如耐旱、耐热、抗叶锈病。

Aegilops crassa

粗厚山羊草

穗　形	圆柱形
穗颜色	绿色
穗长度	6~10 cm
小穗数	6~12枚
小穗数/穗轴节	1枚
小花数/小穗	3~5枚，上部1~3枚小花不育
颖	长方形，具两浅齿
外　稃	穗中上部小穗的外稃具有宽叶状长芒
分　布	伊朗中部和西北部、伊拉克中部和北部、阿富汗北部、哈萨克斯坦南部、吉尔吉斯坦西部、土库曼斯坦南部、乌兹别克斯坦、塔吉克斯坦北部、叙利亚东北部和土耳其南部
生　境	草原、干草地、石质山坡、农田边缘及路边
基因组类型	DX，DDX
染色体条数	2n=28, 42
异　名	*Triticum plathyatherum*
俗　称	Persian goatgrass

粗厚山羊草染色体倍性包括四倍体（DX基因组）和六倍体（DDX基因组），两种倍性的植株形态特征非常相似。粗厚山羊草具有良好的耐瘠性和耐旱性、分蘖能力强、抗条锈病和秆锈病，育种工作者利用粗厚山羊草的细胞质培育出了D^2型小麦不育系。

Aegilops cylindrica

圆柱山羊草

穗　形	窄圆柱形
穗颜色	绿色
穗长度	5~7 cm
小穗数	5~7枚，基部1~2枚退化小穗
小花数/小穗	3~5枚，底部2~3枚小花可育
颖	可育小穗颖具短芒、两侧有齿，顶端小穗颖中央形成基部宽大的长芒
外　稃	具短芒
分　布	法国、意大利、匈牙利、保加利亚、希腊(克里特岛)、土耳其、伊朗、伊拉克、哈萨克斯坦、阿富汗以及高加索地区
生　境	草地、干山坡、农耕地边
基因组类型	CD
染色体条数	2n=28
异　名	*Triticum cylindrica*
俗　称	Jointed goatgrass

圆柱山羊草来自二倍体尾状山羊草（*Aegilops caudata*，C基因组）和节节麦（*Aegilops tauschii*，D基因组）的杂交，所以极易与普通小麦发生天然杂交产生五倍体的杂种。圆柱山羊草具有耐盐和抗叶锈病特性。

Aegilops geniculata

卵穗山羊草

穗　形	宽卵形或椭圆形
穗颜色	绿色
穗长度	1~3 cm
小穗数	基部退化小穗0~1枚，可育小穗2~4枚，顶端小穗不育、瘦小
小花数/小穗	5枚，底部1~2枚小花有育性
颖	卵形，具4~5长芒
外　稃	具2~3长芒
分　布	北非、南欧、东欧、西亚、高加索地区及比利时、捷克、德国和英国
生　境	干旱的石质山坡、草原或路边
基因组类型	U^gM^g
染色体条数	2n=28
异　名	*Triticum ovatum*, *Aegilops ovata*
俗　称	Ovate goatgrass

卵穗山羊草的U基因组来自二倍体小伞山羊草，M基因组来自二倍体顶芒山羊草（*Aegilops comosa*）。卵穗山羊草是改良栽培小麦、黑麦和小黑麦生物胁迫（如锈病、白粉病等）和非生物胁迫（如干旱、高温等）的重要基因源。

Aegilops heldreichii

粗齿山羊草

穗 形	细圆柱形
穗颜色	绿色
穗长度	2~7 cm
小穗数/穗轴节	1枚
小花数/小穗	3~4枚，顶端1~2枚小花不育
颖	具齿，顶端小穗颖具长芒
外 稃	稀具芒
分 布	希腊、阿尔巴尼亚以及巴尔干半岛
生 境	草地、山坡、耕地
基因组类型	M^h
染色体条数	2n=14
异 名	*Triticum comosum* var. *heldreichii*, *Aegilops comosa* ssp. *heldreichii*

目前粗齿山羊草在小麦遗传改良中的应用报道较少。

Aegilops kotschyi

粘果山羊草

穗　形	花序紧凑，大致披针形
穗颜色	绿色
穗长度	2~4 cm
小穗数	2~6枚（通常4枚）小穗可育，2~3枚小穗不育
小花数/小穗	3~4枚
颖	底部颖卵形至长椭圆形，具长芒
外　稃	具芒，短于颖芒
分　布	沿北非东部海岸和新月沃土西部有分布，扩展到撒哈拉—阿拉伯地区到科威特和沙特阿拉伯东部
生　境	生态范围广，干燥河谷、沙丘、草原、荒地、路边、干草地、林地、田地
基因组类型	US
染色体条数	2n=28
异　名	*Triticum peregrinum* var. *kotschyi*

以前对粘果山羊草的研究多集中在小麦雄性不育的利用上，近年来，有研究发现粘果山羊草籽粒中铁和锌含量显著高于栽培小麦，可用于小麦营养品质的育种改良。另外，粘果山羊草抗条锈病、叶锈病和禾谷孢囊线虫病。

Aegilops peregrina

易变山羊草

穗 形	窄披针形
穗颜色	绿色
穗长度	1.5~5 cm
小穗数/穗轴节	1枚
小花数/小穗	3~6枚，上部1~3枚小花不育
颖	侧生小穗颖具齿，顶端小穗颖具长芒
外 稃	具齿
分 布	以色列/巴勒斯坦、约旦西部、黎巴嫩、叙利亚西部
生 境	干旱的海岸、山坡、草原、林地
基因组类型	US
染色体条数	2n=28
异 名	*Triticum peregrinum* var. *variabile*, *Aegilops variabilis*

易变山羊草是小伞山羊草和高大山羊草（*Aegilops longissima*）自然杂交加倍形成。它是一种广泛用于检测同源染色体配对基因的测试基因型。易变山羊草含有丰富的微量元素铁和锌，是小麦生物强化育种的重要资源。同时，易变山羊草也含有小麦遗传改良所需的重要性状，如抗根结线虫、禾谷包囊线虫、白粉病、叶锈病、条锈病和叶枯病。

Aegilops searsii

西尔斯山羊草

穗　形	线形
穗颜色	绿色
穗长度	5~11 cm
小穗数/穗轴节	1~2枚
小花数/小穗	3枚,上部小花不育
颖	披针形到长椭圆形,约为外稃的3/4长,具齿
外　稃	顶端小穗外稃延伸成两个长短不一的芒,可育小花的外稃芒较长,不育小花则为短芒
分　布	以色利/巴勒斯坦、叙利亚、约旦和黎巴嫩
生　境	开阔干草地、草原、荒野及路边
基因组类型	S^s
染色体条数	2n=14
异　名	*Triticum searsii*

西尔斯山羊草属于山羊草属Sitopsis组，该组物种与普通小麦B基因组的遗传和进化最紧密，因此对它的研究多集中在B基因组的起源上。西尔斯山羊草具有耐高温，抗叶锈病、秆锈病和白粉病的特性，加之它与普通小麦的亲缘关系近，这些优良性状更易转移到普通小麦中。

Aegilops sharonensis

沙融山羊草

穗　形	宽线形
穗颜色	绿色
穗长度	7~13 cm
小穗数/穗轴节	1枚
小花数/小穗	3~5枚
颖	矩圆形，先端具2齿
外　稃	舟形，具芒
分　布	以色列及黎巴嫩
生　境	生长于排水良好的沙土和沙壤土
基因组类型	S^{sh}
染色体条数	2n=14
异　名	*Triticum longissimum* var. *sharonense*
俗　称	Sharon goatgrass

沙融山羊草是一年生二倍体植物，分布较为狭窄，仅在以色列沿海平原和黎巴嫩南部生长，其基因组与小麦的B基因组亲缘关系较近。该物种具有许多重要的农艺性状，包括对小麦主要病害锈病和白粉病的抵抗力。但由于沙融山羊草含有杀配子基因（gametocidal gene），导致其很难与普通小麦进行基因渗入。目前，研究人员通过对沙融山羊草基因组的组装鉴定了秆锈病抗性基因*Sr62*。

Aegilops recta

直山羊草

穗　形	披针形，上半段快速收缩成狭圆柱形
穗颜色	绿色
穗长度	2~3.5 cm
小穗数	3~6枚，底部1~3枚小穗可育，2~3枚小穗退化
小花数/单穗	可育小穗含2枚可育小花和2~3枚不育小花
颖	可育小穗颖卵形至椭圆形，具长芒
外　稃	可育小穗外稃具芒，有时具1齿，稃芒较颖芒弱
分　布	西班牙、葡萄牙、意大利、法国南部、巴尔干半岛、希腊、土耳其西部
生　境	干草地、撂荒地、路边、山坡、林地边缘
基因组类型	UMN
染色体条数	2n=42
异　名	*Triticum rectum*，*Aegilops neglecta* ssp. *recta*

六倍体直山羊草可能来自四倍体短穗山羊草（*Aegilops neglecta*）与二倍体单芒山羊草（*Aegilops uniaristata*）的杂交，形态上它与小亚山羊草、短穗山羊草非常相似，易混淆。直山羊草对条锈病和白粉病免疫。

Aegilops tauschii

节节麦（粗山羊草）

穗 形	圆柱形
穗颜色	绿色
穗长度	5.5~8.2 cm
小穗数	6~13枚
小花数/小穗	2~5枚,上部1~3枚小花不育
颖	长椭圆形,无芒,端部具小齿
外 稃	最低部外稃大多无芒,中部具短芒,上部具长芒
分 布	土耳其、叙利亚、伊拉克、伊朗、高加索、土库曼尼亚、帕米尔—阿莱、阿富汗、中国新疆及黄河中游
生 境	干草地、草原、森林边缘地带、休耕地、河谷、石坡、农田边缘、路边
基因组类型	D
染色体条数	2n=14
异 名	*Triticum tauschii*, *Aegilops squarrosa*
俗 称	Tauschi goatgrass

节节麦是普通小麦D基因组的二倍体祖先，它与野生二粒小麦（AABB基因组）天然杂交经染色体加倍形成异源六倍体的普通小麦。节节麦具有丰富的遗传变异，在改良普通小麦遗传性状进化过程中扮演着重要角色，对秆锈病、叶锈病、条锈病、麦瘟病、白粉病、小麦瘿蚊等有抗性，目前已广泛应用于小麦育种中，如人工合成小麦的选育。

Aegilops umbellulata

小伞山羊草

穗　形	广披针形或卵圆形
穗颜色	绿色
穗长度	2.5~4 cm
小穗数	3~6枚，上端小穗瘦小不育
小花数/小穗	4枚,上部2枚小花不育
颖	可育小穗颖中部向外膨大凸出,具4~5较细长芒,芒成熟时向外展开
外　稃	具芒
分　布	主要分布在土耳其,新月沃土、外高加索和伊朗也有分布
生　境	草地、林地、牧场及农耕地边缘与路边
基因组类型	U
染色体条数	2n=14
异　名	*Triticum umbellulatum*

小伞山羊草是含U基因组的山羊草属多倍体植物的重要二倍体供体种，是小麦抗各种病虫害（如叶锈病、条锈病）的优良野生资源。小伞山羊草还是小麦低分量谷蛋白亚基（LMW-GS）变异的重要来源，对小麦品质改良具有潜在价值。

Aegilops uniaristata

单芒山羊草

穗　形	圆柱形
穗颜色	绿色
穗长度	1.5~3.5 cm
小穗数	5~7枚，仅中部2~3枚小穗可育，基部2~4枚小穗退化
小花数/单穗	2~3枚
颖	具1长芒和1齿
外　稃	中部可育小穗外稃具2齿，顶端外稃具短芒
分　布	克罗地亚沿海、希腊、阿尔巴尼亚、意大利
生　境	干草地、山坡、耕地边缘
基因组类型	N
染色体条数	2n=14
异　名	*Triticum uniaristatum*

单芒山羊草对土壤中高浓度的铝具有耐受性，也可作为小麦细胞质雄性不育的细胞质来源。近来研究发现，单芒山羊草含有目前已知的最大低分子量谷蛋白亚基LMW-N13，该蛋白与典型的LMW-GS相比具有额外的半胱氨酸残基，将其转入普通小麦后表现出优异的面团特性。

Aegilops vavilovii

瓦维洛夫山羊草

穗　形	窄圆柱形，上半部逐渐变细
穗颜色	绿色
穗长度	10~15 cm
小穗数	7~10枚，上端小穗瘦小不育
小花数/小穗	3~4枚
颖	具齿
外　稃	外稃中央顶端具尖齿，顶端小穗的两个最下部外稃具有长芒
分　布	约旦、巴勒斯坦/以色列、黎巴嫩、土耳其南部及伊拉克
生　境	谷地、沙地边缘、沙漠
基因组类型	DMS
染色体条数	2n=42
异　名	*Triticum vavilovii*, *Aegilops crassa* ssp. *vavilovii*

瓦维洛夫山羊草为含D基因组的异源六倍体，虽然在普通小麦育种中没有节节麦那么广泛的应用，但作为多基因组组合的异源多倍体，它同样包含着有用的变异，对改良普通小麦的D基因有重要的潜力，比如在抗秆锈病方面。

Aegilops ventricosa

偏凸山羊草

穗　形	线形，呈念珠状
穗颜色	绿色
穗长度	5~12 cm
小穗数	6~11枚
小花数/小穗	2~3枚
颖	具短刺状芒，芒两侧各具1齿
外　稃	长椭圆形，具芒，上部小穗的稃芒长于下部小穗的稃芝
分　布	撒哈拉沙漠北部和西北部、伊比利亚半岛，以及法国南部、意大利南部
生　境	草地、路边、沙滩河谷、耕地边缘
基因组类型	DN
染色体条数	2n=28
异　名	*Triticum ventricosum*

自20世纪90年代初起，含有几种重要抗性基因（如抗根结线虫、条锈病、叶锈病、秆锈病和麦瘟病）的小麦——偏凸山羊草的2NS/2AS易位系对世界小麦育种做出了突出贡献，以该易位系为抗源育成的Jagger、Madsen、Overley、SY Gold、Trident、EGA Eaglehawk和Espada等小麦品种在美国、澳大利亚和欧洲等国家得到推广应用。中国十余个省份69个小麦品种中有49%含该易位系，如川麦25、济麦20、小偃216等。

Triticum aestivum

普通小麦

穗 形	穗形多样，视品种而异
穗颜色	绿色
穗长度	6~18 cm
小穗数	20~22枚
小花数/小穗	3~9枚
颖	松散地贴生在下部小花上，通常在远端1/2处呈龙骨状，有时基部也呈龙骨状，具齿或芒，芒长约4 cm
外 稃	具齿或芒
分 布	原产于印度、伊朗、黎巴嫩—叙利亚、巴基斯坦、巴勒斯坦、外高加索、土耳其及西喜马拉雅山地区，现在世界各地广泛种植
生 境	生长环境广泛，最适合生长于年降雨量在30~90 cm的温带地区
基因组类型	ABD
染色体条数	2n=42
异 名	*Triticum hybernum*
俗 称	Wheat（小麦），Bread wheat（面包小麦）

普通小麦是人类最古老的栽培作物之一，仅次于大米和玉米，是全球第三大谷物，为全世界人口提供了20%的热量消耗。中国是世界上最大的小麦生产国，约占小麦全球总产量的17%。

Triticum carthlicum

波斯小麦

穗　形	长方形
穗颜色	蓝绿色
穗长度	8~16 cm
小穗数	20~29枚
小花数/小穗	3~5枚，通常结3~4枚粒种子
颖	松散地贴生在下部小花上，1突出的龙骨，具芒
外　稃	小穗基部小花的两外稃具长芒
分　布	外高加索和土耳其东北部
生　境	高山冷凉生态类型
基因组类型	AB
染色体条数	2n=28
异　名	*Triticum turgidum* cv. *carthlicum*, *Triticum turgidum* ssp. *carthlicum*
俗　称	Persian wheat

波斯小麦是二粒系小麦中的裸粒栽培种，赖氨酸含量高，抗白粉病、锈病和散黑穗病，是改良普通小麦抗病性和品质的基因源。

Triticum monococcum ssp. *aegilopides*

野生一粒小麦

穗　形	细长扁平
穗颜色	绿色
穗长度	5~14 cm
小穗数	20~30枚
小花数/小穗	2~3枚，通常结1粒种子
颖	紧贴在下部小花上，2龙骨，2齿
外　稃	第1外稃具芒，第2外稃有时具芒，第3外稃无芒
分　布	伊朗、土耳其、叙利亚、伊拉克、约旦及巴尔干半岛、外高加索地区
生　境	石质山坡
基因组类型	A^b
染色体条数	2n=14
异　名	*Triticum boeoticum*, *Triticum monococcum* var. *boeoticum*
俗　称	Wild einkorn

野生一粒小麦与栽培一粒小麦形态非常相似，只是野生一粒小麦的穗轴节和边缘处有纤毛。它的籽粒蛋白含量高，是小麦条锈病抗性改良的重要资源。

Triticum monococcum ssp. *monococcum*

栽培一粒小麦

穗　形	细长扁平
穗颜色	绿色
穗长度	4~9 cm
小穗数	20~30枚
小花数/小穗	2~3枚，通常结1粒种子
颖	紧贴在下部小花上，2龙骨，2齿
外　稃	小穗基部小花的两外稃具长芒
分　布	主要从巴尔干半岛和罗马尼亚延伸到克里米亚和高加索地区，再到伊拉克北部和伊朗西部，南到北非
生　境	贫瘠山区
基因组类型	A^{m}
染色体条数	2n=14
异　名	*Triticum monococcum*, *Triticun pubescens*
俗　称	Einkorn wheat

栽培一粒小麦是小麦属中最原始的二倍体栽培种，9 500年前在中东、中亚、欧洲和北非开始种植，几个世纪后逐渐被硬粒小麦和面包小麦取代，现今在土耳其、摩洛哥山区及高加索和欧洲地区的贫瘠土地上零星可见。栽培一粒小麦是六倍体普通小麦的供体物种之一，为单粒麦，内稃于成熟时纵裂，不完全包裹籽粒，脱粒时籽粒与壳不分离。研究发现，它具有高营养价值、高消化率，与其他谷物相比能被麸质不耐受的人更好地接受。栽培一粒小麦也是小麦育种有益变异的基因源，它抗病虫害、耐贫瘠。

Triticum turgidum

圆锥小麦

穗　形	长方形、分枝形
穗颜色	蓝绿色
穗长度	7~14 cm
小穗数	17~36枚
小花数/小穗	5~7枚，通常结2~3粒种子
颖	颖短宽凸起，长度为外稃的2/3，松散地贴生在下部小花上，具1突出的龙骨，尖端具齿
外　稃	小穗基部小花的两外稃具长芒，芒较硬
分　布	小亚西亚、地中海北岸各国（西班牙、葡萄牙、法国、意大利和英国南部）
基因组类型	AB
染色体条数	2n=28
异　名	*Triticum turgidum* cv. *turgidum*, *Triticum turgidum* ssp. *turgidum*, *Triticum turgidum* var. *turgidum*
俗　称	Rivet wheat，兰麦（四川）

圆锥小麦是较古老的种，植株在小麦中最高，穗形有分枝和不分枝两种。软粒、粉质、面筋含量低是其主要特征。同时，圆锥小麦穗大粒多，具有良好的丰产性能，是改良普通小麦品种的优良种质。四川的矮兰麦、鱼尾兰麦、分枝兰麦，河南的佛手麦都属于圆锥小麦。

Triticum durum

硬粒小麦

穗　形	长方形
穗颜色	蓝绿色
穗长度	4~11 cm
小穗数	17~21枚
小花数/小穗	5~7枚，通常结2~4粒种子
颖	松散地贴生在下部小花上，1龙骨突起由颖基部直到尖端
外　稃	小穗基部小花的两外稃具长芒
分　布	主要产于地中海沿岸各国、美国、加拿大、哈萨克斯坦以及高加索地区
生　境	干旱、盐碱地
基因组类型	AB
染色体条数	2n=28
异　名	*Triticum turgidum* cv. *durum*，*Triticum turgidum* ssp. *durum*
俗　称	Durum wheat，通心粉小麦

硬粒小麦是四倍体裸粒栽培小麦，形态特征与圆锥小麦中不分枝类型很相近，最适合气候相对干燥的地区。其面粉品质优异、含量高，是制作通心粉的原料，具有很高的经济价值。现在，硬粒小麦的种植面积占全世界小麦种植面积的8%~10%。硬粒小麦耐旱，耐瘠薄，抗条锈病、叶锈病、黑森蝇病等，可用于改良普通小麦。

Triticum polonicum

波兰小麦

穗　形	长方形
穗颜色	蓝绿色
穗长度	7~16 cm
小穗数	20~29枚
小花数/小穗	4~5枚，通常结2~3粒种子
颖	长而大的叶状颖，椭圆状披针形，松散地贴在下部小花上，1突出的龙骨，顶端具小尖齿
外　稃	小穗基部小花的两外稃具长芒
分　布	分布区较小，主要在西班牙、意大利南部、阿尔及利亚和埃塞俄比亚，亚洲温暖地区少量种植
生　境	炎热干旱气候和肥沃土壤
基因组类型	AB
染色体条数	2n=28
异　名	*Triticum turgidum* cv. *polonicum*, *Triticum turgidum* ssp. *polonicum*
俗　称	Polish wheat

波兰小麦与其他栽培小麦的不同之处是它长而大的颖，草质，较薄而柔韧，显著长于内外稃。其籽粒大，千粒重70~80 g，蛋白质含量可高达26.9%，面粉适合做优质面包。波兰小麦含有高浓度的铜、铁和锌，可用于硬粒小麦和普通小麦的生物强化育种。

Triticum timopheevi

提莫菲维小麦

穗　形	宽扁、小穗紧密
穗颜色	蓝绿色
穗长度	5~7 cm
小花数/小穗	3枚，通常下部2枚小花结实
颖	紧贴在下部小花上,1突出的龙骨,末端具1齿
外　稃	小穗基部小花的两外稃具芒,较细软
分　布	格鲁吉亚、亚美尼亚和土耳其东北部
生　境	湿冷的高山气候
基因组类型	AG
染色体条数	2n=28
俗　称	Timopheevi's wheat

提莫菲维小麦有栽培种和野生种，栽培种由野生的阿拉拉特小麦（*Triticum araraticum*）驯化而来，其显著特征是叶片具长柔毛、小穗排列紧密。提莫菲维小麦是小麦遗传改良新变异的重要来源，具有抗叶锈病、秆锈病、散黑穗病、白粉病、赤霉病和耐盐、耐潮湿等特性。

Taeniatherum caput-medusae

女妖头带芒草

穗　形	纺锤形
穗颜色	绿色
穗长度	1.2~6 cm
小穗数	14~30枚
小穗数/穗轴节	2枚
小花数/小穗	1~2枚
颖	细状长芒
外　稃	披针形，扁平长芒
分　布	从葡萄牙、摩洛哥以东至吉尔吉斯坦
生　境	石质土壤
基因组类型	Ta
染色体条数	2n=14
异　名	*Elymus caput-medusae*
俗　称	Medusahead

女妖头带芒草细长的颖芒向外平伸并向上弯曲，扁平的外稃长芒竖直向上从而形成特有的穗部形态，成熟时两种芒扭曲在一起，所以称为女妖头“Medusa-head”。

Secale cereal

黑麦

穗　形	长线形
穗颜色	绿色
穗长度	1~2 cm
小穗数	30~50枚
小穗数/穗轴节	1枚
小花数/小穗	2枚
颖	锥形，短芒
外　稃	舟形，具芒
分　布	原产于中东地区
生　境	轻质土
基因组类型	R
染色体条数	2n=14
异　名	*Triticum secale*
俗　称	Rye

黑麦是世界上最重要的禾草之一，为中欧和东欧主要的粮食和饲料作物，中国西北、东北和西南山区也有种植。黑麦英语rye来源于古英语ryge，裸麦的意思，它可制作黑面粉，俄罗斯的大列巴面包就是以黑麦为主要原料制作而成。黑麦抗寒、抗旱、抗病、抗逆、耐贫瘠，广泛用于普通小麦的遗传改良。小麦—黑麦1BS/1RL易位系含有黑麦白粉病和条锈病的抗性基因，可显著提高小麦的抗病能力和产量，目前中国小麦品种中50%以上的冬小麦品种均携带该易位染色体。

Crithopsis delileana

类大麦

穗　形	卵圆形
穗颜色	绿色
穗长度	3~7 cm
小穗数	10~16枚
小穗数/穗轴节	2枚
小花数/小穗	1~2枚
颖	呈带状，下段扁平，上段渐尖成芒状
外　稃	卵圆形，上端渐尖成扁平直芒
分　布	亚洲西南部、非洲北部、中东地区
生　境	干草原
基因组类型	K
染色体条数	2n=14

类大麦属为单种属，只含一年生植物类大麦。

Heteranthelium piliferum

异形花

穗　形	方形
穗颜色	绿紫色
穗长度	2.5~7.5 cm
小穗数	12~26枚
小穗数/穗轴节	1枚，穗中部可育小穗下方着生1不育的对位复小穗
小花数/小穗	可育小穗7~11枚小花，下部2枚小花结实；不育小穗5~9枚小花，小花只具苞片状外稃
颖	颖芒状，基部稍宽
外　稃	卵圆形，外稃及芒被长刚毛
分　布	约旦、巴勒斯坦、以色列、黎巴嫩、叙利亚、土耳其、伊拉克、伊朗、阿富汗、巴基斯坦、乌兹别克斯坦、吉尔吉斯斯坦
生　境	干燥的岩石山顶和山坡、草原、路边、农田边
基因组类型	Q
染色体条数	2n=14
异　名	*Elymus pilifer, Agropyron piliferum*

异形花属是小麦族的单基因属，只含1个一年生植物异形花。异形花因其花序叠生两种不同的小穗——可育小穗和不育小穗而得名，植株矮小，通常株高只有5~10 cm，抗白粉病、条锈病和叶锈病。

含St/E/V
基因组谱系分支

Pseudoroegneria spicata

穗状拟鹅观草

穗　形	线形，小穗排列稀疏
穗颜色	绿色
穗长度	8~15 cm
小穗数	5~12枚
小穗数/穗轴节	1枚
小花数/小穗	4~9枚
颖	线形披针形，先端渐尖
外　稃	窄披针形，先端渐尖，具芒
分　布	北美西部，从美国西部至加拿大西部再到阿拉斯加
生　境	草原、高原
基因组类型	St
染色体条数	2n=14
异　名	*Elytrigia spicata*, *Agropyron spicatum*
俗　称	Bluelunch wheatgrass

二倍体拟鹅观草属植物是含St基因组多倍体的供体种。穗状拟鹅观草不仅是优良的牧草，还可用作生态修复。

Pseudoroegneria spicata var. *inermis*

穗状拟鹅观草无芒变种

穗　形	线形，小穗排列稀疏
穗颜色	绿色
穗长度	15~20 cm
小穗数	7~14 枚
小穗数/穗轴节	1 枚
小花数/小穗	4~9 枚
颖	窄披针形，先端渐尖
外　稃	窄披针形，先端急尖、无芒
分　布	美国西部
生　境	干旱平原、小山坡
基因组类型	St
染色体条数	2n=14
异　名	*Pseudoroegneria spicata* ssp. *inerme*
俗　称	Beardless bluebunch wheatgrass

穗状拟鹅观草无芒变种既是优良牧草，又可用于受干扰土地的恢复，改善沿河流域和野生动物栖息地。

Pseudoroegneria stipifolia

糙缘拟鹅观草

穗　形	线形
穗颜色	绿色
穗长度	13~17 cm
小穗数	11~17枚
小穗数/穗轴节	1枚
小花数/小穗	4~5枚
颖	披针形
外　稃	披针形
分　布	乌克兰、亚美尼亚、格鲁吉亚
生　境	草原
基因组类型	St
染色体条数	2n=14
异　名	*Elytrigia stipifolia*, *Elymus stipifolius*
俗　称	Feathergrass-leaved wheatgrass

糙缘拟鹅观草可作牧草，被国际自然保护联盟濒危物种红色名录（IUCN Red List）收录。

Lophopyrum bessarabicum

百萨偃麦草

穗　形	线形
穗颜色	绿色
穗长度	12~75 cm
小穗数	6~11枚
小穗数/穗轴节	1枚
小花数/小穗	4~6枚
颖	披针形，先端钝至急尖
外　稃	长圆形，无芒
分　布	黑海海岸、亚速海（Sea of Azov）与地中海东北部海岸
生　境	海岸边岩石及沙丘
基因组类型	E^b
染色体条数	2n=14
异　名	*Thinopyrum bessarabicum*, *Elytrigia bessarabica*

百萨偃麦草不仅耐盐、抗赤霉病和小麦线条花叶病，还具有控制籽粒呈蓝色的基因（blue-grained gene），可用于普通小麦的遗传改良。

Dasypyrum villosum

簇毛麦

穗　形	锥形
穗颜色	绿色
穗长度	4~12 cm
小穗数	20~25 枚
小穗数/穗轴节	1 枚
小花数/小穗	4~6 枚
颖	舟形、具双脊，脊上密生成簇白色长纤毛，具芒
外　稃	舟形，外稃上部簇生白色长纤毛，具芒
分　布	从法国南部到里海的地中海地区东北部
生　境	海岸边、松树林边、路边
基因组类型	V
染色体条数	2n=14
异　名	*Pseudosecale villosum*, *Haynaldia villosa*

簇毛麦穗密花多、分蘖多，品质优良，籽粒蛋白和赖氨酸含量高，抗性好，对白粉病免疫，抗叶锈病、秆锈病、全蚀病、叶枯病、黄矮病，还耐旱，是小麦遗传改良的重要基因资源。

Anthosachne australasica

花鳞草

穗　形	线形
穗颜色	绿色
穗长度	7~23 cm
小穗数	2~10枚
小穗数/穗轴节	1枚
小花数/小穗	6~8枚
颖	披针形，约为相邻外稃的1/3，具短芒
外　稃	披针形，具芒
分　布	澳大利亚、新西兰
生　境	草原、林地
基因组类型	StWY
染色体条数	2n=42
异　名	*Anthosachne retiseta, Elymus retisetus*

花鳞草为大洋洲的特有植物，是澳洲冰草（*Australopyrum*，W 基因组）与主要分布于亚洲的鹅观草属（*Roegneria*，StY 基因组）植物杂交形成的异源六倍体，是小麦族中唯一具有无融合生殖现象的物种。

Campeiostachys breviaristatus

短芒曲穗草

穗　形	花序下垂
穗颜色	绿色或带紫色
穗长度	10~15 cm
小穗数/穗轴节	2枚
小花数/小穗	4~6枚
颖	长圆状披针形或卵状披针形，先端渐尖或具小的短尖头
外　稃	披针形，具短芒
分　布	中国四川、青海
生　境	山坡
基因组类型	StYH
染色体条数	2n=42
异　名	*Elymus breviaristatus*（短芒披碱草）

短芒曲穗草是中国青藏高原乡土草种，抗逆性强，饲草品质优良，可用于高寒地区的植被修复，为国家二级重点保护野生植物。

Campeiostachys dahurica var. *cylindrica*

圆柱曲穗草

穗　形	圆柱形、花序直立
穗颜色	绿色或带紫色
穗长度	7~14 cm
小穗数/穗轴节	2枚
小花数/小穗	3~4枚
颖	披针形至线状披针形，先端渐尖或具短芒
外　稃	披针形，具芒
分　布	中国四川、青海、新疆、内蒙古、河北
生　境	山坡、路边、草地
基因组类型	StYH
染色体条数	2n=42
异　名	*Elymus dahuricus* var. *cylindricus*, *Elymus cylindricus*（圆柱披碱草）

圆柱曲穗草为优良牧草，抗旱，耐盐碱，耐寒和风沙。

Campeiostachys kamoji

鹅观草

穗　形	花序下垂
穗颜色	绿色或带紫色
穗长度	7~20 cm
小穗数/穗轴节	1枚
小花数/小穗	5~10枚
颖	卵状披针形至长圆状披针形，具芒尖或短芒
外　稃	披针形，具长芒，芒劲直或上部稍曲折
分　布	中国各地（除新疆、西藏和青海外）
生　境	路边、荒地
基因组类型	StYH
染色体条数	2n=42
异　名	*Roegneria kamoji*

明朝王磐编撰的《救荒野谱》中记载"鹅观草，满地青青鹅食饱。年来赤地不堪观，又被饥人分食了"，说明鹅观草可作野菜食用。鹅观草味甘、性凉，可入药，有清热凉血、镇痛之功。鹅观草不仅是优良的牧草，还是改良普通小麦赤霉病抗性的遗传资源。

Campeiostachys nutans

垂穗曲穗草

穗 形	花序紧密，小穗排列多少偏于一侧，通常下垂
穗颜色	绿色、紫色
穗长度	5~12 cm
小穗数/穗轴节	穗中部着生2枚小穗
小花数/小穗	3~4枚
颖	椭圆形或披针形，具尖头或短芒
外 稃	披针形，被微毛，具芒，芒弯曲或反折
分 布	印度、巴基斯坦、蒙古、俄罗斯、伊朗、土耳其、中国
生 境	草甸、林地、路边
基因组类型	StYH
染色体条数	2n=42
异 名	*Elymus nutans*（垂穗披碱草）

垂穗曲穗草是优良牧草，生态价值高，抗性好，耐瘠薄，耐放牧，在中国青藏高原地区退化草地生态修复中具有重要作用。

Campeiostachys purpuraristatus

紫芒曲穗草

穗　形	花序直立
穗颜色	粉紫色
穗长度	8~15 cm
小穗数/穗轴节	2枚
小花数/小穗	2~3枚
颖	披针形至线状披针形，具短尖头，先端及基部点状粗糙，有紫红色小点
外　稃	长圆状披针形，背部具紫红色小点，以先端、边缘及基部更密，具短芒
分　布	中国内蒙古、青海
生　境	山地、沟谷、草甸
基因组类型	StYH
染色体条数	2n=42
异　名	*Elymus purpuraristatus*（紫芒披碱草）

紫芒曲穗草为国家二级重点保护野生植物，主要分布于中国阴山山脉，可作饲草，鲜草产量高、抗旱、抗倒伏。

Campeiostachys sinosubmuticus

无芒曲穗草

穗　形	花序较稀疏、下垂
穗颜色	绿色或带紫色
穗长度	3.5~7.5 cm
小穗数/穗轴节	2枚
小花数/小穗	2~4枚
颖	长圆形，先端渐尖，不具小尖头
外　稃	披针形，具不超过2 mm的短芒
分　布	中国四川
生　境	山坡
基因组类型	StYH
染色体条数	2n=42
异　名	*Elymus sinosubmuticus*, *Elymus submuticus*（无芒披碱草）

无芒曲穗草为优良牧草，可用于高寒地区“黑土地”退化草地的修复，是国家二级重点保护野生植物。

Douglasdeweya deweyi

杜威草

穗　形	细圆柱形
穗颜色	绿色
穗长度	13~21.5 cm
小穗数	16~23枚
小穗数/穗轴节	1枚
小花数/小穗	5~8枚
颖	披针形或窄披针形,先端渐尖,无芒或具小尖头
外　稃	披针形,先端渐尖,无芒或具小尖头
分　布	卡拉恰伊—切尔克斯共和国
生　境	干燥气候
基因组类型	StP
染色体条数	2n=28
异　名	*Pseudoroegneria deweyi*

杜威草属（*Douglasdeweya*）是植物学家颜济、杨俊良、B. R. Baum于2005年发表的新属，属名是为了纪念在小麦族多年生植物研究中做出杰出贡献的科学家Douglas R. Dewey。该属只含两个物种，分布区狭窄，仅分布在伊朗北部、大不里士（Tabriz）北部、高加索北部山坡的卡拉恰伊—切尔克斯共和国。

Elymus barystachys

硕穗披碱草

穗　形	花序直立、较紧密
穗颜色	常淡紫色
穗长度	8~18 cm
小穗数/穗轴节	2枚
小花数/小穗	4~6枚
颖	条状披针形，先端渐尖或具短尖头
外　稃	长圆状披针形，先端尖或具短芒
分　布	中国青海、四川
生　境	石质山坡
基因组类型	StH
染色体条数	2n=28

硕穗披碱草为中国科学院西北高原生物研究所蔡联炳研究员发表的新种。

Elymus canadensis

加拿大披碱草

穗　形	花序下垂
穗颜色	绿色
穗长度	6~30 cm
小穗数/穗轴节	2或3枚
小花数/小穗	3~5枚
颖	线状披针形至近刚毛状，具芒，芒直立或外弯
外　稃	披针形，被柔毛，具芒，成熟时芒向外展开或弯曲
分　布	加拿大、美国、墨西哥
生　境	沙丘、河岸、沟渠边、砾石堆、草原
基因组类型	StH
染色体条数	2n=28
俗　称	Canada wild rye, Great plains wildrye

加拿大披碱草是适口性好、营养价值高、产量高的优良牧草，抗寒、抗虫、抗病，在披碱草属中可杂交性强，是牧草改良和种质创新的宝贵基因库。

Elymus hystrix

猬草

穗　形	花序直立，排列疏松
穗颜色	绿色，成熟时棕红色
穗长度	7~20 cm
小穗数/穗轴节	2枚
小花数/小穗	2~4枚
颖	常退化
外　稃	长圆状披针形，具长芒
分　布	北美东部
生　境	山坡、林地
基因组类型	StH
染色体条数	2n=28
异　名	*Hystrix patula*
俗　称	Bottlebrush grass，Glumeless wildrye

猬草为冷季节丛生禾草，颖退化是其典型的形态特征，具有长芒的小穗成熟时向外展开像一个瓶刷。

Elymus repens

偃麦草

穗　形	花序直立
穗颜色	绿色
穗长度	5~15 cm
小穗数/穗轴节	1枚
小花数/小穗	4~7枚
颖	长椭圆形，先端渐尖形成芒尖或短芒
外　稃	长圆状披针形，先端急尖至具芒尖、至具芒
分　布	广布于欧洲、亚洲、北美洲
生　境	山谷、草甸、荒地、路边
基因组类型	StH
染色体条数	2n=42
异　名	*Elytrigia repens*
俗　称	Quackgrass, Couch grass

偃麦草具长根茎、繁殖能力强，耐重金属、抗寒、抗赤霉病，是普通小麦遗传改良的基因源。偃麦草叶鲜嫩可作饲料，种子是雀科鸣鸟等鸟类的食物。

Elymus sibiricus

老芒麦

穗 形	花序下垂
穗颜色	绿色或带紫色
穗长度	7~30 cm
小穗数/穗轴节	2枚
小花数/小穗	4~5枚
颖	线状披针形至近刚毛状，先端渐尖或具芒尖或短芒
外 稃	披针形，具芒
分 布	欧洲、亚洲中部和东部温带地区、北美洲的亚热带高山
生 境	草地、灌丛、河边沙地、山坡、林地
基因组类型	StH
染色体条数	2n=28
俗 称	Sibesian wildrye

老芒麦蛋白质含量高，适应性强，耐旱抗寒，是中国北方和青藏高原的重要牧草，近年也广泛用于人工草地和生态治理。

Elymus wawawaiensis

蛇河披碱草

穗　形	花序直立至稍微下垂
穗颜色	绿色
穗长度	5~20 cm
小穗数/穗轴节	1枚
小花数/小穗	4~10枚
颖	窄披针形，先端渐尖至具极短的芒
外　稃	披针形，具芒，成熟时芒反折
分　布	美国华盛顿州东南部、爱达荷州北部
生　境	河岸、冲积地
基因组类型	StH
染色体条数	2n=28
俗　称	Snake River wheatgrass

蛇河披碱草为冷季节牧草，蛋白质含量高，根系发达、分蘖能力强。蛇河披碱草还耐旱、耐寒、耐火，常用作牧场和自然栖息地的恢复。

Kengyilia hirsuta

糙毛仲彬草

穗　形	花序直立
穗颜色	灰绿色或紫色
穗长度	6~8 cm
小穗数/穗轴节	1枚
小花数/小穗	4~7枚
颖	卵状长圆形,先端渐尖或具小尖头
外　稃	长圆状披针形,被黄棕色硬毛,具芒
分　布	中国青海、甘肃
生　境	山坡草地、河滩地
基因组类型	StYP
染色体条数	2n=42
异　名	*Roegneria hirsuta*

糙毛仲彬草具有发达的根鞘结构，耐寒、耐贫瘠，分蘖能力强，对高寒荒漠生境适应力强，是中国青藏高原高寒沙化草地的优势种。

Kengyilia kokonorica

青海仲彬草

穗　形	花序直立或稍弯曲
穗颜色	绿色或带紫色
穗长度	5~6 cm
小穗数/穗轴节	1枚
小花数/小穗	4~6枚
颖	披针状卵圆形，被毛，先端具短芒，中脉稍隆起
外　稃	长圆状披针形，密生硬毛，具芒
分　布	中国青海、甘肃、西藏
生　境	干燥草原、砾石坡地
基因组类型	StYP
染色体条数	2n=42
异　名	*Roegneria kokonorica*

青海仲彬草为国家二级重点保护野生植物，生长于海拔3 200~4 600 m的地区，是适应高寒气候的优良牧草。

Kengyilia laxiflora

疏花仲彬草

穗　形	花序下垂
穗颜色	紫绿色
穗长度	10~15 cm
小穗数/穗轴节	1枚
小花数/小穗	6~9枚
颖	长圆形，先端渐尖
外　稃	披针形，密被柔毛，具芒
分　布	中国四川、青海
生　境	草原、石岩丘坡
基因组类型	StYP
染色体条数	2n=42
异　名	*Roegneria laxiflora*

疏花仲彬草在《中国植物志》（1987版）中归属于鹅观草属犬草组，1997年颜济教授根据疏花仲彬草与糙毛仲彬草杂种F_1代花粉母细胞染色体的配对行为数据及其密被柔毛的外稃特征，将它并入仲彬草属中。

Kengyilia longiglumis

长颖仲彬草

穗　形	花序直立
穗颜色	绿色或紫色
穗长度	5~8 cm
小穗数/穗轴节	1枚
小花数/小穗	4~6枚
颖	披针形,先端渐尖
外　稃	长圆状披针形,密被短糙毛或短柔毛,具芒
分　布	中国甘肃、新疆、青海
生　境	干燥草原、山坡
基因组类型	StYP
染色体条数	2n=42
异　名	*Roegneria longiglumis*

长颖仲彬草生长于海拔2 100~3 040 m的山坡、草原，茎秆疏松，叶丛茂密，被动物啃食后再生力强，返青期较早，枯黄期较晚，为适应高寒气候的优良牧草。

Kengyilia mutica

无芒仲彬草

穗　形	花序直立
穗颜色	淡紫色或带紫色
穗长度	5~7 m
小穗数/穗轴节	1枚
小花数/小穗	4~5枚
颖	长圆状卵圆形,无毛或具微毛,先端锐尖,中脉隆起
外　稃	长圆状披针形,密生长柔毛,先端急尖
分　布	中国青海
生　境	高山草甸—草原
基因组类型	StYP
染色体条数	2n=42
异　名	*Roegneria mutica*

无芒仲彬草抗赤霉病，是普通小麦遗传改良的抗赤霉病基因资源。

Kengyilia rigidula

硬秆仲彬草

穗　形	花序弯曲
穗颜色	绿色或紫色
穗长度	7.5~8 cm
小穗数/穗轴节	1枚
小花数/小穗	4~6枚
颖	卵圆形或披针形，先端急尖或具小尖头
外　稃	长圆状披针形，被柔毛，具芒
分　布	中国青海、四川、甘肃、西藏
生　境	草甸山坡
基因组类型	StYP
染色体条数	2n=42
异　名	*Roegneria rigidula*

硬秆仲彬草在川西北高寒牧区广泛分布，具耐寒、耐旱、耐瘠薄、抗风蚀的特性，是退化、沙化草地生态治理的优良草种。

Kengyilia stenachyra

窄颖仲彬草

穗　形	花序直立或有时下垂
穗颜色	绿色、草黄色或带紫色
穗长度	约10 cm
小穗数/穗轴节	1枚
小花数/小穗	4~8枚
颖	窄矩形，先端渐尖或具小尖头
外　稃	椭圆状披针形，被硬毛，具芒
分　布	中国青海、四川、甘肃、西藏
生　境	草原山坡
基因组类型	StYP
染色体条数	2n=42
异　名	*Roegneria stenachyra*

窄颖仲彬草生长于海拔3 200~4 300 m的山坡草地，是高寒地区天然草地的优良牧草。

Kengyilia thoroldiana

梭罗草

穗　形	花序直立,有时稍弯曲,小穗排列紧密偏于一侧
穗颜色	绿紫色
穗长度	3~4 cm
小穗数/穗轴节	1枚
小花数/小穗	4~6枚
颖	长圆状披针形,被柔毛,先端渐尖具小尖头
外　稃	披针形,密被白色长柔毛,先端具小尖头
分　布	中国青海、西藏、新疆东南部
生　境	草地、沙地
基因组类型	StYP
染色体条数	2n=42
异　名	*Roegneria thoroldiana*

梭罗草生长于青藏高原海拔3 500~5 200 m的高寒草原区，是高寒草原植物群落的重要组成成分之一，具有抗旱抗寒、耐盐碱、抗风沙、返青早、多分蘖等特性，为优良牧草和恢复退化高寒草原及荒漠的生态草种。

Psammopyrum athericum

西南欧沙滩麦

穗　形	线形
穗颜色	绿色
穗长度	10~20 cm
小穗数	18~24枚
小穗数/穗轴节	1枚
小花数/小穗	3~10枚
颖	长圆状披针形,先端急尖
外　稃	披针形,无芒或具芒尖或有芒
分　布	广泛分布于南欧和西欧,北至丹麦
生　境	海岸边、沙丘
基因组类型	StE^eP
染色体条数	2n=42
异　名	*Psammopyrum pycnanthum*, *Thinopyrum pycnanthum*, *Elytrigia pycnantha*
俗　称	Tick quackgrass

西南欧沙滩麦是海滨植物，非常耐盐，能在高氮条件下生长。

Roegneria ciliaris

纤毛鹅观草

穗　形	花序直立或多少下垂
穗颜色	绿色
穗长度	10~20 cm
小穗数/穗轴节	1枚
小花数/小穗	7~12枚
颖	椭圆状披针形,先端具小尖头,两侧或一侧常具齿,边缘具纤毛
外　稃	长圆状披针形,先端两侧或一侧常具齿,边缘具长纤毛,具芒,芒成熟后反曲
分　布	中国、俄罗斯、朝鲜、日本
生　境	山坡、路边
基因组类型	StY
染色体条数	2n=28

纤毛鹅观草具有抗赤霉病、抗条纹花叶病、抗大麦黄矮病、耐潮湿等优良特性，是小麦改良和育种的重要遗传资源。纤毛鹅观草生长茂盛、粗蛋白含量高，是优良牧草。

Roegneria komarovii

偏穗鹅观草

穗　形	花序紧密，小穗偏于一侧
穗颜色	绿色或紫色
穗长度	8.5~15 cm
小穗数/穗轴节	1枚
小花数/小穗	3~5枚
颖	披针形，先端具芒尖或短芒
外　稃	披针形，具长芒
分　布	中国新疆、内蒙古，蒙古，哈萨克斯坦，吉尔吉斯斯坦，俄罗斯，土库曼斯坦，乌兹别克斯坦
生　境	山坡
基因组类型	StY
染色体条数	2n=28
异　名	*Elymus komarovii*

偏穗鹅观草为优良牧草，具有耐寒、耐盐碱、耐瘠薄、营养丰富的特征，可用于中国北方退化草地补播，以及撂荒地、贫瘠土地和轻中度盐碱地改良。

Roegneria nutans

垂穗鹅观草

穗　形	花序下垂
穗颜色	草黄色或紫色
穗长度	4~6.5 cm
小穗数	5~10枚
小穗数/穗轴节	1枚
小花数/小穗	3~4枚
颖	披针形，质较薄，先端尖或渐尖
外　稃	披针形，具长芒，芒成熟时反曲
分　布	中国甘肃、青海、四川、云南、西藏、新疆
生　境	草地、山坡、河滩草甸
基因组类型	StY
染色体条数	2n=28
异　名	*Elymus burchan-buddae*（短颖鹅观草）

垂穗鹅观草结实率高、耐寒，生长在海拔1 700~5 500 m的草地，是优良牧草。

Roegneria pendulina

缘毛鹅观草

穗　形	花序稍垂头
穗颜色	绿色或带紫色
穗长度	10~23 cm
小穗数/穗轴节	1枚
小花数/小穗	4~8枚
颖	披针形或长圆状披针形，先端急尖至长渐尖
外　稃	披针形，边缘具长纤毛，具长芒
分　布	俄罗斯、中国
生　境	山坡草地、林下、灌丛
基因组类型	StY
染色体条数	2n=28
异　名	*Elymus pendulinus*

产于中国青海高寒草甸的缘毛鹅观草内生真菌感染率较高，有研究表明可达80%。

Trichopyrum caespitosum

丛生毛麦

穗　形	线形
穗颜色	蓝绿色
穗长度	5~16 cm
小穗数	9~13枚
小穗数/穗轴节	1枚
小花数/小穗	3~5枚
颖	长圆形
外　稃	长圆形
分　布	东南欧、小亚西亚
生　境	山坡
基因组类型	StE^e
染色体条数	2n=28
异　名	*Thinopyrum caespitosum*, *Elytrigia caespitosa*, *Elymus nodosus* ssp. *caespitosus*, *Agropyron caespitosum*

丛生毛麦属于密丛的多年生植物，最初是德国植物学家Karl Heinrich Emil Kochc在1848年以*Agropyrum caespitosum*发表的新种，后来被不同的分类学家划归到不同的属，因此异名较多。

Eremopyrum distans

裂稃旱麦草

穗　形	长椭圆形
穗颜色	绿色，常带紫色
穗长度	2.5~5 cm
小穗数	20~28 枚
小穗数/穗轴节	1 枚
小花数/小穗	3~5 枚
颖	窄披针形，背部被长柔毛、两侧压扁，具脊和短芒
外　稃	窄舟形，被长柔毛，具短芒
分　布	俄罗斯、高加索、伊朗、伊拉克、阿富汗、巴基斯坦、中国新疆
生　境	干草原、沙荒地、坡地
基因组类型	F
染色体条数	2n=14
异　名	毛穗旱麦草

裂稃旱麦草内稃的双脊先端渐尖成两长齿，两齿之间形成较深的凹形裂口，这是它独有的形态特征。裂稃旱麦草为准噶尔荒漠短命植物，在早春时期是准噶尔荒漠植被的重要组成部分。裂稃旱麦草具有重要的生态价值，可通过增加沙质土壤表面的粗糙度减缓沙尘暴对荒漠的危害。它还是牲畜主要的早春牧草，蛋白质含量可为12%~14%。

Eremopyrum triticeum

旱麦草

穗　形	卵圆状椭圆形，短小，小穗排列紧密
穗颜色	绿色
穗长度	1~2 cm
小穗数	14~16枚
小穗数/穗轴节	1枚
小花数/小穗	3~6枚
颖	宽披针形，先端渐尖，颖上两脉粗壮相连成脊，基部膨胀弯曲
外　稃	钻形，先端渐尖或具短芒，第一外稃下部被短柔毛
分　布	欧洲、高加索、中亚、西伯利亚地区及克里米亚、伊朗
生　境	草地、沙质干旱区
基因组类型	Xe
染色体条数	2n=14
异　名	*Agropyrum triticeum*
俗　称	Annual wheatgrass

旱麦草也是荒漠短命植物，与毛穗旱麦草、东方旱麦草（*Eremopyrum orientale*）同区域分布。

Agropyron cristatum

冰草

穗　形	卵圆形至长卵圆形、线形
穗颜色	绿色、灰绿色
穗长度	1.5~10.5 cm
小穗数	18~34枚
小穗数/穗轴节	1枚
小花数/小穗	3~10枚
颖	卵圆形至广披针形，具脊，有芒
外　稃	披针形，无毛或被柔毛，具脊，有芒
分　布	中欧和中东，横跨中亚到西伯利亚、中国和蒙古
生　境	干燥草地、山坡、丘陵及沙地
基因组类型	PP
染色体条数	2n=28
异　名	扁穗冰草
俗　称	Crested wheatgrass

冰草的典型特征是小穗在穗轴上紧密排列，整齐成篦齿状。冰草不仅是优良牧草，也是小麦遗传改良的优异基因源，对生物胁迫和非生物胁迫均有抗性，抗黄矮病、小麦线条花叶病、条锈病、叶锈病、秆锈病和白粉病，耐寒冷、耐盐和耐旱。中国科学家成功创制了一系列具有多花多实高产特性和对白粉病、条锈病、叶锈病具有广谱抗性的“小麦—冰草”新种质，为中国小麦高产育种提供了重要的基因资源，目前利用这些新种质已培育出一系列新品种，如普冰151和川麦93。

Agropyron mongolicum

蒙古冰草

穗　形	线形
穗颜色	绿色
穗长度	3~9 cm
小穗数	8~15枚
小穗数/穗轴节	1枚
小花数/小穗	3~8枚
颖	先端具短尖
外　稃	披针形，无芒或具短尖头
分　布	中国新疆、内蒙古、宁夏、陕西北部
生　境	干草原、荒漠草原
基因组类型	P
染色体条数	2n=14
异　名	*Agropyron pectiniforme* ssp. *mongolicum*, *Agropyron mongolicum* vεr. *monglicum*, 沙芦草

蒙古冰草为旱生、沙生植物，多生于沙丘的阳坡、石砾质坡地、沙壤质干草原，是国家二级珍稀濒危植物和急需保护的农作物野近缘种。其粗蛋白质含量高、适口性好，是优良牧草；生态价值高，抗寒、耐旱、耐风沙，根系发达，可用于荒漠草原的退化修复。

Australopyrum retrofractum

澳冰草

穗　形	卵圆形
穗颜色	绿色
穗长度	1.5~6 cm
小穗数	5~9枚
小穗数/穗轴节	1枚
小花数/小穗	6~8枚
颖	披针形，具短芒
外　稃	披针形，先端具芒状小尖头
分　布	澳大利亚新南威尔士州和维多利亚州、新西兰北岛
生　境	高山草甸、草原
基因组类型	W
染色体条数	2n=14
异　名	*Australopyrum pectinatum* var. *retrofractum*

澳冰草属植物是花鳞草属（*Anthosachne*，StYW基因组）植物的父本供体，提供了W基因组。

Henradia persica

亨氏草

穗 形	细圆柱形
穗颜色	绿色
穗长度	5~15 cm
小穗数	7~17枚
小穗数/穗轴节	1枚
小花数/小穗	1~2枚
颖	颖大,包裹外稃,无芒
外 稃	无芒
分 布	阿富汗、伊朗、哈萨克斯坦、塔吉克斯坦、巴基斯坦、外高加索、土耳其、伊拉克、叙利亚、黎巴嫩
生 境	沙质或石质土壤
基因组类型	O
染色体条数	2n=14
异 名	*Lepturus persicus*

亨氏草属是小麦族中很小的一个二倍体属，只包括两个一年生物种。

大麦属分支

Hordeum jubatum

芒颖大麦草

穗　形	长条形或长卵形
穗颜色	白绿色至浅紫色
穗长度	3~15 cm
小穗数/穗轴节	3枚
小花数/小穗	两侧小花通常退化为芒状，中间1枚小花
颖	柔软细芒状，成熟时张开
外　稃	长卵形，具柔软的芒，成熟时张开
分　布	西伯利亚东部，经北美大部分地区至墨西哥
生　境	草地、草原、路边
基因组类型	H
染色体条数	2n=14
异　名	*Critesion jubatwn*
俗　称	Foxtail barely, Squirrel-tail barely

芒颖大麦草为越年生，原产于北美和欧亚大陆的寒温带地区，中国东北地区有逸生。它耐盐、抗寒，可作观赏植物，还具有较强的耐镁特性，适宜作为菱镁矿区撂荒地生态恢复的植物种。

Hordeum roshevitzii

紫大麦草

穗　形	长圆柱形或两侧稍扁压
穗颜色	紫色
穗长度	6~8 cm
小穗数/穗轴节	3枚
小花数/小穗	1枚
颖	刚毛状
外　稃	广披针形,具芒
分　布	西伯利亚南部,蒙古,中国新疆北部、青海北部、甘肃、宁夏
生　境	高盐草甸
基因组类型	H
染色体条数	2n=14
异　名	*Critesion californicum* ssp. *sibiricum*

紫大麦草抗寒、耐盐碱、耐水涝，具有极高的生态价值和饲用价值。

Hordeum vulgare var. *spontaneum*

钝稃野大麦

穗　形	长圆形或细长扁平
穗颜色	绿色
穗长度	5~12 cm
小穗数/穗轴节	3枚
小花数/小穗	1枚
颖	下部呈窄披针形，密生短刚毛，具芒
外　稃	披针形，具长芒
分　布	从东地中海（希腊东部和利比亚）到阿富汗、印度北部和中国西部
生　境	田野附近
基因组类型	I
染色体条数	2n=14
异　名	*Hordeum spontaneum*, *Hordeum vulgare* ssp. *spontaneum*
俗　称	Wild barley

钝稃野大麦是栽培大麦（*Hordeum vulgare*）的野生祖先种，具有广泛的适应性，为栽培大麦的改良提供了丰富的遗传变异。虽然钝稃野大麦穗部形态存在一定程度变异，但颖上密被短刚毛非常明显。

Hordeum vulgare var. *nudum*

青稞

穗　形	四棱形
穗颜色	成熟后黄棕色或带紫色
穗长度	4~8 cm
小穗数/穗轴节	3枚
小花数/小穗	1枚
颖	颖基部线形，具细弱短芒
外　稃	卵圆形，具长芒，芒粗糙强壮
分　布	中国青海，西藏，甘肃甘南藏族自治州，四川甘孜藏族自治州、阿坝藏族自治州，云南迪庆州
生　境	高海拔低温地区
基因组类型	I
染色体条数	2n=14
异　名	*Hordeum vulgare* cv. *revelatum*
俗　称	Highland barley，Tibetan hulless barely

青稞为裸大麦，是中国藏族地区的主要粮食作物，亦可酿酒、做茶。青稞富含β-葡聚糖和膳食纤维，具有保健作用。青稞也是藏族地区重要的牲畜饲料。

Hordeum vulgare var. *trifurcatum*

钩芒大麦

穗 形	四棱形
穗颜色	绿色
穗长度	5.5~8 cm
小穗数/穗轴节	3枚
小花数/小穗	1枚
颖	颖线形,具细弱短芒
外 稃	顶端具3个基部扩展的裂片,呈三叉形,中间裂片先端渐尖形成弯曲的芒或无芒
分 布	中国西藏、四川、河北
基因组类型	I
染色体条数	2n=14
异 名	*Hordeum trifurcatum*

大麦（*Hordeum vulgare*，I基因组）是研究禾本科作物芒性状遗传及作用的重要模式植物，芒的形态变异丰富，其中钩芒大麦的芒最为特殊，芒的顶端分裂分叉呈兜帽状。

Hordeum marinum

碱大麦

穗　形	长披针形
穗颜色	绿色，或芒带紫色
穗长度	3~8 cm
小穗数	8~25枚
小穗数/穗轴节	3枚
小花数/小穗	1枚
颖	中央小穗颖窄披针形或披针形，具芒
外　稃	具芒
分　布	中南欧直到大西洋沿岸与英伦三岛中南部，北非西部
生　境	盐碱草甸、海岸边
基因组类型	Xu
染色体条数	2n=28
俗　称	Wall barley, Sea barley

碱大麦属于大麦属海大麦组Section Marina。在英国，儿童常用它做“飞镖”玩耍，因为它长而密的芒可以粘在人们的头发和衣服上。

含Ns基因组谱系分支

Psathyrostachys huashanica

华山新麦草

穗　形	长圆柱形
穗颜色	黄绿色
穗长度	13~21.5 cm
小穗数	36~56枚
小穗数/穗轴节	2~3枚
小花数/小穗	1~2枚
颖	锥形
外　稃	广披针形，具芒
分　布	中国陕西
生　境	石质岩坡
基因组类型	Ns
染色体条数	2n=14

华山新麦草为中国特有种，是新草属植物中分布最狭窄的，仅分布于陕西华山，是国家一级重点保护植物和急需保护的农作物野生亲缘种。华山新麦草极抗旱，抗赤霉病、白粉病、叶锈病和条锈病，是普通小麦遗传改良的重要基因源，华山新麦草已与普通小麦杂交成功，创制了一系列易位系、代换系和附加系。

Leymus angustus

窄颖赖草

穗　形	花序直立
穗颜色	灰绿色
穗长度	10~25 cm
小穗数/穗轴节	2枚
小花数/小穗	2~3枚
颖	线状披针形,向上逐渐狭窄成芒
外　稃	披针形,密被柔毛,先端渐尖或具短芒
分　布	俄罗斯西伯利亚地区、中亚天山山脉及蒙古、哈萨克斯坦巴尔喀什、中国西北各省
生　境	草原、沙地、卵石堆
基因组类型	NsXm
染色体条数	2n=28、42、56、70、84
俗　称	Altai wildrye

窄颖赖草可作牧草，耐盐碱，营养生长期长，从早春一直持续到晚秋。

Leymus chinensis

羊草

穗　形	花序直立
穗颜色	绿色或灰绿色
穗长度	7~15 cm
小穗数/穗轴节	2枚
小花数/小穗	5~10枚
颖	锥形
外　稃	披针形，先端渐尖或具芒状小尖头
分　布	中国、俄罗斯、日本、蒙古、朝鲜半岛
生　境	草甸、草原、卵石堆、田边、路边
基因组类型	NsXm
染色体条数	2n=28
俗　称	Sheepgrass

羊草为欧亚大陆草原区东部草甸草原及干旱草原的重要建群种和优势种，是天然的优质牧草，产量高、粗蛋白含量高、适口性好、叶量多。羊草是喜氮植物，畜群搬迁后的畜盘能保持多年的羊草群落。羊草抗寒、耐盐碱、耐瘠薄、耐牧，具有极高的生态价值，可用于修复和治理退化、沙化和盐渍化草地。

Leymus duthiei

杜氏赖草

穗　形	花序细弱下垂
穗颜色	绿色
穗长度	10~15 cm
小穗数/穗轴节	2枚
小花数/小穗	1枚
颖	颖退化
外　稃	披针形，具芒
分　布	中国西藏、陕西、浙江、湖北、湖南、四川和云南，尼泊尔，印度，朝鲜半岛，日本
生　境	林缘、灌丛、岩道旁岩坡
基因组类型	NsXm
染色体条数	2n=28
异　名	*Hystrix duthiei*

杜氏赖草与猬草（*Elymus hystrix*）曾因相似的形态特征被放在同一个属猬草属（*Hystrix*）中，我们根据细胞学和分子发育的研究发现杜氏赖草具有与赖草属一样的基因组NsXm，相似的形态（如颖的退化）是由趋同进化造成。

Leymus mollis

滨麦

穗　形	花序直立
穗颜色	蓝绿色
穗长度	5~34 cm
小穗数/穗轴节	2~3枚
小花数/小穗	3~6枚
颖	宽披针形或披针形，被柔毛，先端急尖
外　稃	披针形，密被长柔毛，先端具小尖头
分　布	亚洲、北美洲
生　境	海岸沙地和卵石中
基因组类型	NsXm
染色体条数	2n=28
异　名	*Elymus mollis*
俗　称	American dunegrass, Sea lymegrass

滨麦为多年生沙丘禾草（dune grass），它通过调节生长速度适应沙丘流动，对于稳定沙丘防止侵蚀具有非常重要的作用。除了生态价值外，滨麦也是普通小麦遗传改良的重要野生资源，对生物胁迫和非生物胁迫具有很高的抗性，如抗赤霉病、抗白粉病、耐盐、耐旱。

Leymus karelinii

卡瑞林氏赖草

穗　形	花序直立
穗颜色	灰绿色
穗长度	10~20 cm
小穗数/穗轴节	2枚
小花数/小穗	2~5枚
颖	披针形，基部较宽，先端渐尖形成芒尖
外　稃	披针形，先端渐尖形成芒尖
分　布	俄罗斯、哈萨克斯坦、吉尔吉斯斯坦、土库曼斯坦、乌兹别克斯坦、中国新疆
生　境	草甸、草原、河边沙地和卵石堆
基因组类型	NsXm
染色体条数	2n=28
异　名	卡瑞赖草，大药赖草

卡瑞林氏赖草为中国新疆低地草甸草地的乡土草种，耐盐碱、耐旱、耐贫瘠、抗风沙，可用于退化、盐渍化草甸类草地的修复。

Leymus komarovii

柯马洛夫赖草

穗　形	花序下垂，细弱
穗颜色	绿色
穗长度	10~20 cm
小穗数/穗轴节	2枚
小花数/小穗	2~3枚
颖	钻形，常退化
外　稃	披针形，具芒
分　布	俄罗斯远东，日本，中国吉林、黑龙江、辽宁、陕西、河北
生　境	林中与灌木丛
基因组类型	NsXm
染色体条数	2n=28
异　名	*Hystrix komarovii*（东北猬草）

柯马洛夫赖草是大兴安岭林下草原重要的牧草资源。

Leymus multicaulis

多枝赖草

穗　形	花序直立或稍下垂
穗颜色	绿色或灰绿色
穗长度	5~12 cm
小穗数/穗轴节	2~4枚
小花数/小穗	3~6枚
颖	钻形
外　稃	宽披针形，具短芒
分　布	欧亚大陆，从俄罗斯伏尔加河三角洲延伸至中国新疆
生　境	草甸、碎石堆、农田、路边
基因组类型	NsXm
染色体条数	2n=28
俗　称	Many-stem wildrye

多枝赖草是新疆盐化低地草甸的优势种，为重要的天然牧草。多枝赖草也是普通小麦遗传育种的优异基因源，具有耐盐碱、耐干旱、耐瘠薄、抗黄矮病、抗蚜虫等优异性状。

Leymus ovatus

宽穗赖草

穗　形	花序直立，密集成椭圆形或长椭圆形
穗颜色	绿色
穗长度	5~9 cm
小穗数/穗轴节	4枚
小花数/小穗	5~7枚
颖	线状披针形，先端狭窄如芒
外　稃	披针形，先端渐尖或具短芒
分　布	俄罗斯西伯利亚地区，哈萨克斯坦，中国新疆、蒙古
生　境	草原、河边沙地
基因组类型	NsXm
染色体条数	2n=28

宽穗赖草生长在地表覆沙的高寒草原和河谷草甸，是重要的牧草资源。

Leymus pseudoracemosus

柴达木赖草

穗　形	花序直立
穗颜色	绿色、蓝绿色或带紫色
穗长度	15~25 cm
小穗数/穗轴节	3~5枚
小花数/小穗	5~10枚
颖	窄披针形或披针形，先端具短芒
外　稃	披针形，外稃被长柔毛，先端渐尖成芒尖
分　布	中国青海
生　境	沙漠
基因组类型	NsXm
染色体条数	2n=28

柴达木赖草是植物学家颜济教授和杨俊良教授于青海省都兰县诺木洪发现的小麦族新种。它耐寒、耐旱、耐盐碱，是柴达木盆地荒漠植被的优势种，具有较高的生态价值。

Leymus racemosus

大赖草

穗 形	花序直立、粗大
穗颜色	蓝绿色
穗长度	20~40 cm
小穗数/穗轴节	穗下部每穗轴节着生4~6枚小穗，穗上部每穗轴节着生2~3枚小穗
小花数/小穗	3~6枚
颖	窄披针形，先端长渐尖
外 稃	披针形，外稃下部被柔毛，先端具芒尖或短芒
分 布	欧洲、中亚
生 境	河边沙地、沙丘、沙地草原与荒漠
基因组类型	NsXm
染色体条数	2n=28
异 名	*Elymus racemosus*
俗 称	Mammoth wildrye

在中国，大赖草主要生长在新疆准噶尔盆地的流动或半固定沙丘上，不仅是优良的固沙植物和牧草，也是改良普通小麦的优异基因源，具有穗大粒大、耐旱、耐寒、耐盐、耐铝害、抗赤霉病、抗叶锈病、抗条锈病、抗秆锈病等多种优良性状。

Leymus secalinus

赖草

穗　形	花序直立
穗颜色	绿色或带紫色
穗长度	10~24 cm
小穗数/穗轴节	2~3枚
小花数/小穗	4~7枚
颖	线状披针形或披针形，先端渐尖或具短芒
外　稃	披针形，被柔毛或上半部无毛，先端渐尖或具短芒
分　布	俄罗斯西伯利亚地区、巴基斯坦、哈萨克斯坦、中国、蒙古、朝鲜半岛、日本
生　境	草甸、草原、石质山坡
基因组类型	NsXm
染色体条数	2n=28

赖草是中国北方盐渍化草地和青藏高原高寒草原重要的草种资源，在畜牧业生产中占有重要地位。赖草是优良的固沙植物，具有长根茎，在沙丘中根系可分布于地下50~60 cm的土层，在高寒荒漠区的防沙治沙和生态修复中起着重要的生态作用。

致　谢

感谢四川农业大学小麦研究所的颜泽洪教授、张连全教授、代寿芬副教授、甯顺腙副教授、郝明副教授及四川省农业科学院作物研究所的刘泽厚博士允许我们在他们的实验地对部分*Aegilops*和*Triticum*物种植株进行图片拍摄。图册的编辑在思路设计上得到复旦大学卢宝荣教授、加拿大圣玛丽大学Genlou Sun教授及四川农业大学小麦研究所魏育明教授、江千涛教授的指导和帮助，在此表示感谢。感谢国家第二次青藏高原综合考察研究—农田生态系统与粮食安全专题（2019QZKK0303）、国家自然科学基金项目（31870360、32171603）、农业农村部作物种质资源保护项目（2018NWB036-02-6）、四川省主要农作物种质资源研究与公共服务攻关项目（21ZDYF2136）及国家留学基金等给予我们野外科考工作和图片拍摄过程的差旅支持。特别感谢四川农业大学高校共建与发展专项资金（2112199001）给予的出版资助。